BEI GRIN MACHT SICH IHR WISSEN BEZAHLT

- Wir veröffentlichen Ihre Hausarbeit, Bachelor- und Masterarbeit

- Ihr eigenes eBook und Buch - weltweit in allen wichtigen Shops

- Verdienen Sie an jedem Verkauf

Jetzt bei www.GRIN.com hochladen und kostenlos publizieren

Bibliografische Information der Deutschen Nationalbibliothek:

Die Deutsche Bibliothek verzeichnet diese Publikation in der Deutschen National-
bibliografie; detaillierte bibliografische Daten sind im Internet über http://dnb.d-
nb.de/ abrufbar.

Impressum:

Copyright © 2017 GRIN Verlag, Open Publishing GmbH
Druck und Bindung: Books on Demand GmbH, Norderstedt Germany
ISBN: 9783668561540

Dieses Buch bei GRIN:

http://www.grin.com/de/e-book/377986/chiropterogamie-fledermausbestaeubung

Carolina Neuy

Chiropterogamie. Fledermausbestäubung

GRIN Verlag

Chiropterogamie

–

Fledermausbestäubung

Hausarbeit

von

Carolina Neuy

Seminar: Biologie der Honigbiene und anderer Bestäuber

Bearbeitungszeitraum: Sommersemester 2017

Universität: Friedrich-Wilhelms-Universität Bonn

Inhaltsverzeichnis

1.   Einleitung

Chiropterogamie bezeichnet die Bestäubung von Blütenpflanzen durch Fledermäuse und Flughunde, Chiropterophilie wiederum die Spezialisierung bestimmter Pflanzenspezies auf diese Art der Bestäubung. Die Fledertiere (Chiroptera) lecken oder fressen dabei sowohl Nektar als auch Pollen. Nicht selten werden beide Begriffe synonym verwendet, um diese Form der Bestäubung zu bezeichnen. (DOBAT, PEIKERT-HOLLE 1985)

Chiropterogamie ist ausschließlich in bestimmten Gebieten der Subtropen und Tropen – vorwiegend der tropischen Regenwälder und Wüsten - sowohl Afrikas, Mittel- und Südamerikas als auch Randlagen Nordamerikas verbreitet. Hier findet sie sich in Arizona und Südkalifornien ebenso wie im mexikanischen Bundesstaat Sonora, in Brasilien, Costa Rica, Bolivien und Venezuela. Wie viele Arten insgesamt beteiligt sind, ist nicht abschließend geklärt, in einzelnen Studien wurden jedoch bereits über 90 Spezies identifiziert, sodass von einer noch deutlich höheren Anzahl ausgegangen werden darf. (AGUILAR-RODRÍGUEZ et al. 2014)

Ihre ökonomische Bedeutung ist noch nicht hinreichend geklärt, lässt sich jedoch anhand der auf Chiropterogamie angewiesenen Wirtschaftspflanzen abschätzen, zu denen die meisten Bananenarten (*Musa*) gehören. Zu den auf diese Bestäubungsform spezialisierten Pflanzen gehören Arten sehr verschiedener Pflanzenfamilien, die diesbezügliche Anpassungen konvergent entwickelt haben. (SITTE et al. 2002)

Durch ihre große Reichweite bieten Chiroptera für Pflanzen viele Vorteile. Auf diese Art können nicht nur weit entfernte Individuen erreicht, sondern auch genetisches Material ausgetauscht werden - einer Inselbildung kann vorgebeugt werden. Dies ist insbesondere in Anbetracht der teilweise stark fragmentierenden Wirkung der Nutzung und Abholzung der meisten tropischen Regenwälder weltweit von Interesse. (SIMON 2011) Zudem weisen Arten in tropischen und subtropischen Wald- und Wüstengebieten generell häufig erheblich größere Abstände zwischen Individuen einer Art auf, als sie das in gemäßigten und kalten Vegetationszonen tun. Der große Aktionsradius von Fledermäusen bevorteilt sie daher gegenüber den meisten Insekten als Bestäuber. (THIELE 2006)

2.   Botanische Aspekte

Chiropterophile Pflanzen kommen in verschiedenen Familien vor und weisen eine Reihe spezieller Anpassungen auf, die sie für Fledermäuse auffindbar und attraktiv machen.

2.1.   Arten / Gattungen

Chiropterogamie ist unter Arten verschiedener Ordnungen verbreitet, darunter Malvales, Caryophyllales, Ericales, Zingiberales und Asparagales. Eine besondere Stellung nehmen die Bromeliaceen ein, da Chiropterogamie in an diesen Arten reichen Wäldern besonders häufig beobachtet wurde. Insgesamt sind 24 Arten chiropterophil, von mindestens 90 wird es aufgrund ihrer Merkmale vermutet. (AGUILAR-RODRÍGUEZ et al. 2014) Zu den bekanntesten zählen viele Arten der Bananen (*Musa*) mit ihren beeindruckenden Blütenständen, die generell durch Tiere, darunter auch Fledermäuse und Flughunde, bestäubt werden. (SITTE et al. 2002)

Aber auch die zur monophyletischen Gattung gehörige Art *Carnegiea gigantea*, ein außergewöhnlich hohes und langlebiges Kakteengewächs, wird, neben Vögeln und Insekten, auch von Fledermäusen bestäubt. (FLEMING 2001) Hinweise auf diese Form der Zoophilie wurden auch bei weiteren Kakteen, beispielsweise *Lemaireocereus griseus*, vor allem aber auch bei vielen Agavenarten (*Agave*) beobachtet, wobei letztere in vielen Habitaten eine unverzichtbare Nahrungsgrundlage bieten. (SCOTT 2004) Für die menschliche Wirtschaft ist dies bei der Blauen Agave (*Agave tequilana*) bedeutsam, die zur Herstellung der ebenso benannten Spirituose dient. (VALIENTE-BANUET et al. 1996)

Flughunde tragen maßgeblich zur Bestäubung der Affenbrotbäume, insbesondere *Adansonia digitata*, bei. Diese für das südliche Afrika kulturell und wirtschaftlich bedeutsamen Bäume sind daher in erheblichem Maße vom Bestand bestimmter Fledertierarten abhängig. (BAUM 1995) Weiterhin zählt die mexikanische   Glockenrebe (*Cobaea scandens*) zu den Chiropterophilen. Namensgebend scheint dies für die „Fledermausblume" oder „Dämonenblume" genannte *Tacca chantrier* zu sein, die in den Tropen Südostasiens beheimatet ist – sie wird jedoch von Insekten bestäubt und ähnelt lediglich der Fledermausgestalt. (SITTE et al. 2002)

2.2.   Blütenmorphologie und Eigenschaften

Die Blüten chiropterophiler Pflanzen sind häufig deutlich exponiert, sodass sie leicht anfliegbar sind. Sowohl der Stiel als auch die gesamte Blüte und deren Blütenhüllblätter sind relativ robust, fleischig, im Falle letzterer zudem massiv gebaut. Dies bietet den im Vergleich zu Insekten relativ großen und schweren Tieren bei der Bestäubung Halt, ohne dass die Blüte abbricht oder verletzt wird. Dies ist notwendig, weil nur wenige Fledertiere - im Gegensatz zu Kolibris - zu einem echten Schwirrflug imstande sind und sich daher beim Bestäubungsvorgang mit den Daumenkrallen am Blütenstand festhalten. (DOBAT, PEIKERT-HOLLE 1985)

Die Blütenstände selbst sind zumeist rachen-, bürsten-, röhren- oder becherförmig, gelegentlich breit und normalerweise radialsymmetrisch. Farblich weisen sie verschiedene unauffällig weiße, hellgelbe, dunkelrote und violette bis beinahe schwarze Töne auf. Die Ausbildung eines pendelförmigen Stiels und damit einer für fliegende Tiere leicht erreichbaren Blüte wird auch Penduliflorie genannt. Generell sind die Blütenstände so angelegt, dass sie für eine leichte Erreichbarkeit sorgen, wenn nicht durch den pendelartigen Stängel, dann durch Herausragen an abstehenden Ästen aus dem Blätterstand (*Flagelliflorie*) oder direkten Ansatz am Stamm eines Baumes (*Cauliflorie*). (ENGLER, MELCHIOR 1964)

Auffällig ist auch der intensive Geruch vieler chiropterophiler Pflanzen, er erinnert an reife Früchte, Kohl, Zwiebel, Schweiß oder Gärung. Der Nektar ist reich an Hexosen. (AGUILAR-RODRÍGUEZ et al. 2014) Ursächlich ist die stärkere Orientierung von Fledermäusen an Geruchsstotten als an der Farbgebung. (DOBAT, PEIKERT-HOLLE 1985) Um die Blüten zu einem lohnenswerten Ziel für Fledermäuse zu machen, verfügen sie über große Nektar- und Pollenmengen, oft ragen Stempel und Pollenblätter heraus. Der Nektar hat eine schleimig-dickflüssige Konsistenz, die das Verkleben von Nektar und Pollen an der Schnauze des bestäubenden Individuums ermöglicht. (SITTE et al. 2002) Weiterhin werden im Bauchfell und an anderen behaarten Stellen anhaftende Pollen beobachtet. Die Anthese findet primär in den Nachtstunden oder rund um die Uhr statt, abhängig davon, ob ausschließlich Fledertiere oder zusätzlich Vögel als Bestäuber in Anspruch genommen werden. In letzterem Falle zeigen die Blüten ein Zusammenspiel von Merkmalen, die die Attraktivität jeweils entweder für die eine oder andere Gruppe erhöht. (BUZATO et al. 1994)

Einige der bei chiropterophilen Blüten aufgefundenen Blütenstrukturen scheinen nicht nur der besseren Stabilität zu dienen, sondern haben auch einen Effekt auf die Echoortung der Fledertiere. Diese Elemente reflektieren den Schall, sodass die Tiere imstande sind, nicht nur den Standort der Blüte, sondern auch die Qualität der angebotenen Nahrung zu erfassen (siehe auch Absatz **3.3.**). Konkret wurde diese Besonderheit von einem Team Wissenschaftler unter Leitung der Universität von Ulm am Beispiel der Liane *Marcgravia evenia* in Kuba nachgewiesen. Verantwortlich sind große, an Hohlspiegel erinnernde Blütenblätter, die außerordentlich effektiv Ultraschall zu reflektieren vermögen. Zudem ist ihr Echo einzigartig, sodass die bestäubenden Blütenfledermäuse sie leicht von der Vegetation der Umgebung abgrenzen können. (SIMON 2011)

Ein weiteres Beispiel dafür stellt *Mucuna holtonii* dar, die über ein fahnenförmiges Blatt von etwa 2cm Größe verfügt, das bei Blüten aufgestellt wird, die über Nektar verfügen und bestäubungsreif sind (siehe Abb. 5). In weiteren Versuchen wurde mittels trainierter Fledermäuse ermittelt, dass sie die speziell geformten Blätter nahezu doppelt so schnell orten konnten wie andere Pflanzenteile. (SIMON 2011) Abbildungen 1 bis 4 zeigen typische Beispiele für die Morphologie verschiedener auf Chiropterogamie spezialisierter Blütenpflanzen.

Abbildung 1: Blütenstand von *Ensete superbum* (Wikipedia Commons, CC BY-SA 2.0, Dinesh Valke, 2017)

Abbildung 2: Blütenstand von *Carnegiea gigantea* (Wikipedia Commons, CC BY-SA 2.0, Ken Bosma, 2017)

Abbildung 3: Blütenstand von *Adansonia digitata* (Wikipedia Commons, CC BY-SA 2.0, Atamari, 2017)

Abbildung 4: Blütenstand von *Cobaea scandens* (Wikipedia Commons, CC BY-SA 2.0, Amada44, 2017)

Abbildung 5: Blütenstand von *Mucuna holtonii* (Wikipedia Commons, CC BY-SA 3.0, Franz Xaver, 2017)

3.   Chiroptera

3.1.   Arten / Gattungen

Zu den auf Nektar- und Pollenaufnahme spezialisierten Chiroptera gehören sowohl Arten der Familie der Flughunde (Megachiroptera) als auch der Fledermäuse (Microchiroptera). Besonders hervorzuheben seien hier die Blütenfledermäuse (auch: *Glossophaginae,* Langzungen-Vampire, Langzungen-Fledermäuse), die zu den Blattnasen gehören und insgesamt 23 Arten umfassen. Sie stellen die vermutlich hauptsächlichen für Chiropterogamie verantwortlichen Fledertiere in Südamerika dar. (NOGUEIRA 2012)

In den tropischen Regionen Afrikas hingegen sind in erster Linie Langzungen-Flughunde (*Macroglossidae*), aber auch Kurznasenflughunde (Cynopterini) und Riesenflughunde (Pteropodini) als Bestäuber vorherrschend. (SINGARAVELAN, MARIMUTHU 2004)

3.2.   Anatomie

Die Anatomie sich überwiegend von Blütenprodukten ernährender Fledertiere hat sich an die diesbezüglichen Bedingungen angepasst. Zu den anatomischen Besonderheiten gehört vor allem die außergewöhnlich lange, bürstenförmige Zunge. Deren Borsten sind ideal geeignet, um Nektar und Pollen von den Blütenständen zu entfernen. Gelegentlich finden sich stattdessen auch nur pinselartige Veränderungen aus Hornzellen an der Zungenspitze. Zudem ist der gesamte Schädel häufig langgestreckt, um die Nahrung besser erreichen zu können. Das Gebiss ist hingegen deutlich weniger stark ausgebildet als bei Arten mit carnivorer oder fructivorer Ernährungsweise.

3.3   Verhalten

Einige Studien erlauben die Vermutung, dass Fledertiere Blüten nicht in allen Fällen wahllos aufsuchen. Stattdessen scheint einigen von ihnen das Echolot nicht nur Informationen über den Standort, sondern auch über noch vorhandenen Nektarfluss und andere Attraktivitätskriterien zu ermöglichen. (DOBAT, PEIKERT-HOLLE 1985)

Weitere Forschungen weisen darauf hin, dass einige Fledermäuse die Aufnahme des Nektars auch von dessen Wasserkonzentration abhängig machen. Je nachdem, ob andere

Wasserquellen in der Umgebung vorhanden sind oder nicht, bevorzugen die Tiere höhere oder niedrigere Nektarkonzentrationen, Wasser wurde je nach Bedarf zusätzlich aufgenommen. Zur Erfassung des Zusammenhangs wurden sowohl der tägliche Energieumsatz als auch der Wasserumsatz von *Anoura caudifer* gemessen. Es ergab sich ein medialer Wert von 12,4kcal und 13,4ml pro Tag. Das entspricht einer Zuckerkonzentration von 18-21% im Blütennektar und scheint eine für Fledermausblüten nicht ungewöhnliche Konzentration darzustellen. Dabei ist zu bemerken, dass primär nektarfressende Fledermäuse im Vergleich zu ihren sich anderweitig ernährenden Verwandten über einen relativ energieintensiven Stoffwechsel zu verfügen scheinen. (ROCES et al. 1993)

Bei einigen nektarfressenden Flughundarten hingegen wurde eine zeitliche Tendenz beim Blütenbesuch beobachtet, die mit den jeweiligen Nektarproduktionsmaxima zusammenfällt. (SINGARAVELAN, MARIMUTHU 2004)

4. Quellenangabe

Aguilar-Rodríguez P. A., Krömer T., MacSwiney M. C. G. (2014) The Secrets of Night-Blooming Bromeliads and Bats. *J. Bromeliad Soc.* Vol. 64 (3). 156-165

Baum D.A. (1995) The Comparative Pollination and Floral Biology of Baobabs *(Adansonia-Bombacaceae). Annals of the Missouri Botanical Garden.* Band 82, Nr. 2, 322-348

Buzato S., Sazima M., Sazima I. (1994) Pollination of three species of Abutilon (Malvaceae) intermediate between bat and hummingbird flower syndromes. *Flora.* Vol. 189, Issue 4, 327-334

Dobat K., Peikert-Holle T. (1985) Blüten und Fledermäuse. Bestäubung durch Fledermäuse und Flughunde (Chiropterophilie). Verlag Waldemar Kramer

Engler A., Melchior H. (1964) A. Engler's Syllabus der Pflanzenfamilien. Verlag Gebr. Bornträger, 12. Auflage, 226-230

Fleming T.H. (2001) Sonoran desert columnar, cacti and the evolution of generalized pollination systems. *Ecological Monographs.* Band 71, Nr. 4, 511–530

Nogueira M. R., Lima I. P., Peracchi A. L., Simmons N. B. (2012) New genus and species of nectar-feeding bat from the Atlantic Forest of southeastern Brazil (Chiroptera, *Phyllostomidae, Glossophaginae). American Museum novitates.* 3747, doi:10.1206/3747.2

Roces F., Winter Y., von Helversen O. (1993) Nectar concentration preference and water balance in a flower visiting bat, Glossophaga Soricina Antillarum. In Barthlott W, ed. *Animal plant interactions in tropical environments.* 159-165.

Scott P.E. (2004) Timing of Agave palmeri flowering and nectar-feeding bat visitation in the peloncillos and Chiricahua mountains. *Southwestern Naturalist,* Vol. 49, 425–434

Simon R., Holderied M.W., Koch C.U., von Helversen O. (2011) Floral acoustics: conspicuous echoes of a dish-shaped leaf attract batpollinators. *Science*, Vol. 333, Issue 6042, 631-633

Singaravelan N., Marimuthu G. (2004) Nectar Feeding and Pollen Carrying from Ceiba pentandra by Pteropodid Bats. *Journal of Mammalogy*, Vol. 85(1), 1-7

Sitte P., Weiler E.W., Kadereit J.W., Bresinsky A., Körner C. (2002) Strasburger Lehrbuch der Botanik. Spektrum Akademischer Verlag, 35. Auflage, 774

Thiele J. (2006): Nahrungssuchstrategien der nektarivoren Fledermaus Glossophaga commissarisi (Phyllostomidae) im Freiland - eine individuenbasierte Verhaltensstudie unter Verwendung von Transpondertechnik. Dissertation, LMU München: Fakultät für Biologie

Valiente-Banuet A., Arizmendi M.D., Rojas-Martinez A., Dominguez-Canseco L. (1996) Ecological relationships between columnar cacti and nectar-feeding bats in Mexico. *Journal of Tropical Ecology*, Vol. 12, 103–119